美国心理学会儿童情绪管理读物
What-to-Do Guides for Kids

强迫症，怎么办？
如何摆脱强迫思维和强迫行为

What to Do When Your Brain Gets Stuck
A Kid's Guide to Overcoming OCD

［美］道恩·许布纳（Dawn Huebner） 著
［美］邦妮·马修斯（Bonnie Matthews） 绘
汪小英 译

化学工业出版社
·北京·

What to Do When Your Brain Gets Stuck: A Kid's Guide to Overcoming OCD, the first edition by Dawn Huebner; illustrated by Bonnie Matthews.
ISBN 978-1-5914-7805-8
Copyright © 2007 by the Magination Press, an imprint of the American Psychological Association (APA).
This Work was originally published in English under the title of: *What to Do When Your Brain Gets Stuck: A Kid's Guide to Overcoming OCD* as a publication of the American Psychological Association in the United States of America. Copyright © 2007 by the American Psychological Association (APA). The Work has been translated and republished in the **Simplified Chinese** language by permission of the APA. This translation cannot be republished or reproduced by any third party in any form without express written permission of the APA. No part of this publication may be reproduced or distributed in any form or by any means, or stored in any database or retrieval system without prior permission of the APA.

本书中文简体字版由 the American Psychological Association 授权化学工业出版社独家出版发行。

本版本仅限在中国内地（不包括中国台湾地区和香港、澳门特别行政区）销售，不得销往中国以外的其他地区。未经许可，不得以任何方式复制或抄袭本书的任何部分，违者必究。

北京市版权局著作权合同登记号：01-2024-5542

图书在版编目（CIP）数据

强迫症，怎么办？：如何摆脱强迫思维和强迫行为 / （美）道恩·许布纳（Dawn Huebner）著；（美）邦妮·马修斯（Bonnie Matthews）绘；汪小英译. -- 北京：化学工业出版社，2025.2. --（美国心理学会儿童情绪管理读物）. -- ISBN 978-7-122-46901-4

I. B804-49

中国国家版本馆CIP数据核字第2024W5C010号

责任编辑：郝付云　肖志明　　　　装帧设计：大千妙象
责任校对：赵懿桐

出版发行：化学工业出版社（北京市东城区青年湖南街13号　邮政编码100011）
印　　装：北京新华印刷有限公司
787mm×1092mm 1/16　印张6¼　字数60千字　2025年5月北京第1版第1次印刷

购书咨询：010-64518888　　售后服务：010-64518899
网　　址：http://www.cip.com.cn
凡购买本书，如有缺损质量问题，本社销售中心负责调换。

定　价：29.80元　　　　　　　　　　　　　　　　　　　　版权所有　违者必究

目 录

写给父母的话 / 1

第一章
你在储存垃圾吗? / 6

第二章
什么是强迫症 / 16

第三章
了解强迫症爱玩的 3 个魔术 / 26

第四章
为什么会有强迫症? / 38

第五章
太难了,怎么办? / 44

第六章
还有一件事要知道 / 48

第七章
方法 1:发现强迫症 / 56

第八章
方法 2:和强迫症顶嘴 / 62

第九章
方法3：我的事情我做主！/ 64

第十章
怎么把方法用起来 / 70

第十一章
不要着急，慢慢来 / 82

第十二章
坚持到底不放弃 / 86

第十三章
善于练习 / 90

第十四章
你能做到！/ 94

写给父母的话

- ☀ 7岁的孩子认为饭菜不卫生，每次吃饭前总要问一问，否则就一口饭也不吃。

- ☀ 9岁的孩子胆小懦弱，害怕冒犯别人。

- ☀ 12岁的孩子总是重复做一件事，总是害怕没有头绪或者被打断。

强迫症不仅包括不停地洗手这一类问题，还包括那些让孩子感到害怕和痛苦的想法和冲动，避免自己受到伤害的一些习惯性做法，以及孩子感到不对劲的事情。它与问题有关，尤其是没完没了的问题，比如关于安全的问题，关于确定性的问题，而这些都让您心力交瘁。

强迫症是一个神经生物学的问题，并不是您或孩子做了什么引起的。虽然它看起来是偶发的，没有规律可循，但实际上却很常见，也可以预测。强迫症与大脑功能的某种异常有关。尽管强迫症看起来很顽固，但其实是可以治疗的。

认知行为疗法对治疗儿童强迫症很有帮助。它教给孩子新的思考方式，让他们学会用新的方法来应对那些与强迫症有关的想法。孩子实际上要学会重新训练大脑，让它的反应更准确、更有效，不再被困住。

本书教孩子和家长用认知行为疗法来克服强迫症。全书用轻松幽默的语气，为读者提供了一个理解强迫症的新框架，以及一套有效克服强迫症的方法。孩子要想理解和掌握这些方法，需要不断地练习。在练习的过程中，您就是孩子的教练，帮助他掌握这些方法，激励他走向成功。

如果您和孩子一起读，效果更好。这本书要慢慢读，一次只读1~2章，给孩子留出充足的时间来消化这些内容，还要鼓励孩子完成书中需要写写画画的那些练习。平日里和孩子聊一聊书中的那些概念，讨论一下书里的一些故事和比喻，记得要多使用孩子的语言。当孩子的大脑被卡住了，幽默往往可以帮助他们转换视角，就像书中描述的那样。克服强迫症也许是孩子做过的最难的事，您一定要多鼓励和支持他。

您可以先读完这本书，然后再陪孩子一起读一遍。对大人来说，强迫症同样令人困惑。如果您能提前理解书中给出的方法和其背后的原理，您将能够更好地帮助孩子。

本书通过暴露和反应阻止法来应对强迫症。尽管书中并没有使用这样的术语，但它是书中每个方法背后的指导原则。暴露和反应阻止法教孩子去体验某种强迫症式的想法和冲动，不要试图进行强迫行为。不停地检查、提问、重复动作就是常见的强迫行为。要做到这些可以分成两个步骤：1.不要做强迫行为；2.学会管理与强迫症相伴的紧张和焦虑情绪，直到它们消退。这本书会帮助您的孩子完成这一过程，将暴露和反应阻止的方法分解成若干个步骤，易于掌握，最终帮助孩子克服强迫症。

本书既可以单独使用，也可以作为治疗强迫症的辅助读物。如果您的孩子已经在治疗中，请告诉治疗师这本书的内容。如果孩子还没有接受治疗，但是有强迫冲动的想法和书中所描述的重复行为，请与医生商量，决定是否需要治疗。

在了解有关强迫症的知识时，您不妨想一想《绿野仙踪》里的情节。您第一次看这部电影的时候，是否感觉巫师的魔力很强大，他的样子也很可怕？他有一股看不见的力量，通过威逼和命令统治着整片土地，人人都对他俯首帖耳，否则下场会很惨，但正如您知道的，这个巫师是个骗子。

您和孩子都将从书中看到，强迫症就像《绿野仙踪》里的巫师一样，把孩子囚禁在陌生的土地上。当然，光是告诉孩子强迫症并不可怕还不够，孩子还需要自己来体验。这本书会赋予孩子力量，帮助他重返家园。

你在储存垃圾吗?

闭上眼睛休息一会儿,想象你走进家里的每个房间,数一数一共看到多少个垃圾桶。厨房、卫生间、卧室……每个房间加起来一共有多少个垃圾桶?把数字写在这里。

我们天天都要扔垃圾。

看一眼离你最近的垃圾桶,你不需要去碰它,只是看看就行了。

☀ 离你最近的那个垃圾桶里有些什么呢?把其中的3样东西画在下面的垃圾桶上。

☀ 你可以想一想之前扔进去的2样东西,也把它们画出来。

☀ 问问跟你一起读这本书的人,让他们说说今天扔掉了什么东西,把这些东西也画出来。

我们一般不会去想垃圾的事，不需要上"垃圾学"的课，也不需要看有关内容的书。我们只需要知道该扔什么东西，然后扔掉就行了。这是因为我们大脑里有一个**分拣机**在发挥作用。

这个分拣机能分辨出什么是重要的东西，什么是没用的垃圾。我们不需要深思熟虑，大脑会自动告诉我们"这是垃圾"，然后我们就会把它扔掉。

但是，我们有时也不确定一些东西该不该保留，我们会询问别人的意见，或者把它再保留一段时间，看看自己是否真的需要。但一般来说，我们很少遇到这种情况。我们知道什么东西值得保留，然后就留下来；也知道什么是没用的垃圾，然后把它们扔掉。

☼ 下面哪些东西值得保留,把它们圈出来。

☼ 下面哪些东西应当扔掉,在上面画个×。

☼ 哪些东西是你不确定应该保留还是应当扔掉的,在上面画个问号。

可是，如果我们完全不知道如何取舍，怎么办？如果大脑里的**分拣机失灵**，不会告诉我们哪些东西该保留，哪些东西该扔掉，这时会怎么样？如果我们认为每一样东西都很重要，都不能扔，又会怎么样呢？

那就会出现这样的情况：你家里可能会堆放着7000个卫生纸筒；你的玩具箱里塞满了玩具包装盒和包装绳；橱柜里堆满了麦片盒；冰箱里是空牛奶盒；抽屉里是不能穿的背心、鞋子和用坏的指甲刀，还有吃葡萄剩下的葡萄梗和干透了的胶棒；你还会有一大堆玩坏了的玩具和用过的手纸……你会把它们都攒下来。

如果大脑里的分拣机失灵,你的生活就会乱成一团糟:你的衣橱会塞得满满的,连门都关不上;如果你想要用上次过生日时收到的手电筒,你要把一大堆包装盒挪开才能找到它;如果你想用电池,那你至少要试20节旧电池才能找到一节能用的电池。

这真让人沮丧，不是吗？而且你还会浪费许多时间。但是，如果你不知道怎样把重要的东西跟垃圾分开，就会发生这样的事情。

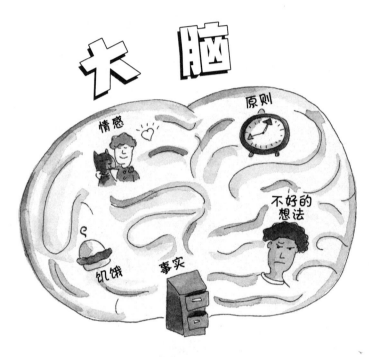

幸好，我们有**大脑分拣机**，不会让房子被各种各样的垃圾堆得乱七八糟，也不会让我们的大脑变得乱糟糟。

大脑分拣机会检查每个进入大脑的想法，判断这些想法是否应当放行。

如果我们想吃东西或者喝水，大脑就会告诉手臂去拿汉堡或水杯；如果我们学了关于蜥蜴的新知识，大脑就会把这个信息归类到爬行动物的文件夹中；如果我们想要打一下自己特别讨厌的人，大脑就把这个坏主意直接送进大脑垃圾桶里，因为这样的想法属于垃圾。

所以，就像现实世界里要区分好东西和垃圾一样，我们的想法也需要分类。有些想法值得留下，有些想法需要扔掉。

☼ 下面列出了一些想法，请把有用的、重要的或者好玩的想法圈起来，这些想法是值得保留的。

☼ 有些想法需要放入大脑垃圾桶，请在这些想法上面画个 ×。

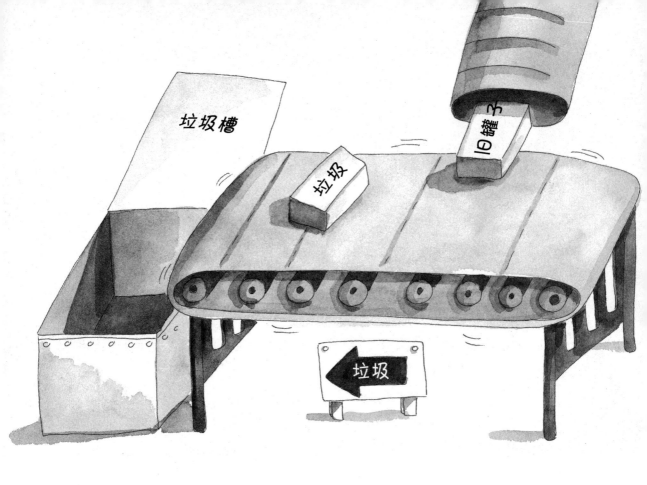

　　有时，很容易知道什么想法应当保留，什么想法应当丢掉。可有时并不容易。有时垃圾想法只有一点正确的地方，但它会把这一点放大，让你信以为真；有时，它告诉你会有危险，可实际上，你很安全；有时，大脑分拣机也会犯糊涂。

　　当这种情况出现时，一些本该丢掉的垃圾想法可能被**保留**下来了。这些想法告诉你，你必须按照某种方式做这件事才安全，否则你会心神不安。不知不觉中，这些垃圾想法就控制了你的生活。

如果你变成这样,如果这些想法让你感到不安或者拿不定主意,这可能是因为你的大脑分拣机出了故障。所谓故障就是事情无法按照原本的轨道进行下去。你的大脑分拣机被卡住了,你的垃圾想法被扔进了**储存槽**里,大脑没有像往常那样,发出"那是垃圾"的信号。

这是因为你遇上了强迫症。你并不会一直是这样子,你可以做一些事,让大脑里的分拣机恢复正常。不过,我们先要了解一下强迫症。

第二章

什么是强迫症

强迫思维和**强迫行为**是强迫症的主要表现。

强迫思维指的是你脑海里**反复出现的想法**。虽然你不愿意去想它们,但它们总是在那儿,让你紧张不安或者悲观难受。

强迫行为指的是为了摆脱消极想法和紧张情绪而不断地重复一些行为。你反复做一些动作,不是因为你想要这样做,而是不得不这样做。强迫行为常常会成为一种仪式,也就是说,你每次都会按照同样的方式做事。

下面我们来看看强迫症是如何形成的。一开始,你只是有个想法,比如:"要是我手上有细菌怎么办?"于是,你开始担心,比如:"如果手上有细菌,我就会生病,甚至呕吐。"你当然不想呕吐,于是你决定做些什么来防止这样的事情发生。你决定洗手,洗掉手上可能有的导致呕吐的细菌。所以,你洗了手,之后感觉好多了。

这好像没有什么大不了的,洗手只需要一分钟。但是,这还不算完,因为强迫症不会就此停下,总会**要求你做更多的事情**。

　　为了进一步说清楚这个问题,我们讲一讲去超市购物这件事,你可能见过这样的场景:

　　妈妈带孩子去超市购物,他们都饿了,还有点烦躁,因为他们前面还排着长长的队伍等着结账。终于轮到他们结账了,妈妈把东西从购物车里拿出来,放到收银台上。突然,孩子看见旁边货架上有一排排的糖果,那些糖果看上去很好吃!

☀ 在货架的空白处画上你喜欢的一种糖果。

妈妈说不行,她已经买了很多吃的东西,而且快到午饭时间了,不能吃零食,但是孩子就是想要糖果,真的想要。它们摆在货架上,肯定很好吃!他不相信妈妈会拒绝他,于是,开始大哭大闹。妈妈心烦意乱地从购物车里继续往外拿东西,可孩子却越哭越厉害,哭诉妈妈小气,威胁妈妈不买糖就不吃饭。他在超市里大发脾气。

妈妈这时候已经很累了,而孩子的哭闹让她感觉很尴尬,只想早点结束这一切。于是,她妥协了,给孩子买了糖。她把糖递给孩子,孩子马上就不闹了,高兴地吃起糖来。

下一次,妈妈再带孩子去超市买东西时,又会发生什么事情呢?

你可能会说,孩子还会要糖,恭喜你,你说对了。孩子还会继续要糖,要是妈妈不买,他就会大闹一场。他知道,只要他哭闹得厉害,妈妈就会让步。于是,孩子明白了,想要什么东西,只要大闹一场就能得到。

强迫症就像那个任性的孩子。

这不是说，强迫症坐在购物车里，哭闹着要糖吃。实际上，强迫症是看不见的。但是，你可以想象一下，强迫症就像脑子里的一个小讨厌鬼，不停地跟你要东西，带给你很多麻烦。

强迫症很任性，坚决按照自己的方式做事。就像前面提到的那个小男孩，跟妈妈说不买糖就不吃饭。强迫症也是这样，要是你不听它的，它会告诉你将会有大麻烦。这太可怕了，所以大多数孩子觉得只能听从强迫症的要求，要不然后果很严重。

回想一下超市里的情景，这一回，我们换一种思考方式。

不管孩子怎么大闹、发脾气，妈妈都坚定地拒绝他买糖的要求，那会怎么样？如果妈妈说，她不会向哭闹妥协，不会给他买糖。结完账后，妈妈带着孩子离开了超市。

妈妈可能有些尴尬，但是这会过去的，而且孩子也不会不吃饭。实际上，根本不会有什么糟糕的事情发生。

相反，还会发生一些好事情。

下次妈妈再说不行,孩子还是会大发脾气,他想看看能不能让妈妈改变主意。

但如果妈妈不妥协,他发脾气的时间也不会太长。

再下次,再下次,再下次,孩子就会知道,如果妈妈说不行,她一定说到做到,就是不行。

如果通过发脾气也得不到想要的东西,他就会明白,发脾气没有用,也没必要发脾气了。

于是,孩子就不会再发脾气了。

现在想一想强迫症。你已经向强迫症妥协了，因为它一直在吓唬你，让你害怕它，让你感觉很难受。但是，每当你妥协的时候，每当你按照强迫症的要求做事的时候，你就是在把全世界最大最好吃的糖果送给它。你在告诉强迫症，只要烦扰你就能得到它想要的东西。于是，强迫症的要求越来越多。

你也许受够了强迫症的坏脾气，想让它停下来。

这本书就是要教给你怎样让强迫症不再发脾气，让你明白，强迫症都用哪些招数来吓唬你，你还能学会一些技巧和方法，重新掌握控制权，做自己的主人。

第三章

了解强迫症爱玩的 3个魔术

你看过魔术表演吗？魔术师会给大家展示神奇的一幕，比如硬币消失，改变围巾的颜色。魔术师会变很多魔术，看起来像真的一样。不过，你也知道，大部分的魔术都是障眼法。

障眼法就是欺骗你的视觉，让你的大脑相信自己看到了一些并没有发生的事情。

你可以试试下面这个魔术,还可以让你的朋友来猜一猜。

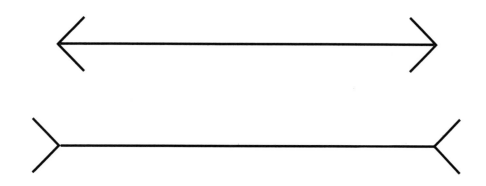

☀ 上面两条线中,哪一条更长?把它圈出来。

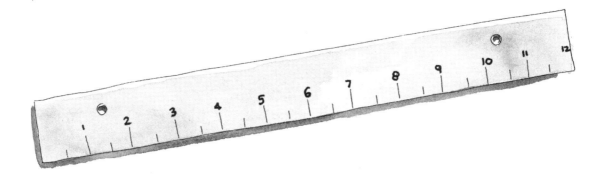

☀ 拿尺子量一量这两条线的长度。

它们实际上一样长,对不对?线条两端的箭头欺骗了你的大脑,让你觉得两条线不一样长。虽然在视觉上,下面的那条线看起来长一些,上面的那条线看起来短一些,但实际上,它们一样长。

有些魔术很好玩，而有些魔术可一点都不好玩。强迫症对你的大脑玩的魔术就不好玩，因为它在吓唬你。不过，你一旦了解了这些魔术，就没那么害怕了。当强迫症玩这些魔术的时候，你能识别出来吗？

强迫症玩的第1个魔术：拉响警报

当某个东西可能会伤害我们的时候，我们的大脑会迅速反应，这是大脑自动设置的模式。比如，当看到一辆汽车快速向我们冲过来，或者看到草丛里有一条蛇在爬行，我们的大脑会意识到**危险**，我们的身体也会随之发生一系列变化。这些变化会释放出大量的能量，让我们保持警觉，我们的肌肉也做好了战斗或逃跑的准备，以保证我们的人身安全。这就是战斗或逃跑反应。只要我们的大脑发出警报，这些就会自动发生。

强迫症就是经常用假警报欺骗你,这就好像强迫症在你的大脑里拉响了火灾警报,你的身体突然警觉起来,这是它的职责。可是,尽管警报响个不停,尽管你的身体都做好了战斗或逃跑的准备,但并没有发生火灾,这只是一个假警报。强迫症就是想要这样欺骗你。

强迫症欺骗你将会出现哪些危险?

强迫症玩的第2个魔术："可能"游戏

通常，我们总是根据最可能发生的情况来做决定。要完全确定一件事情是否会发生很难，而且也不需要完全确定这一点。

麻雀会不会跑进卫生间？不太可能会，但是，也有可能会。

你到卫生间去刷牙，你不会先看看有没有麻雀；拉上浴帘洗澡前，你也不会先看看地上有没有麻雀……实际上，你可能根本没有想麻雀这件事。

可是强迫症喜欢吓唬人，让我们浪费时间去担心平常根本想不到的事。

强迫症会恐吓我们,它会说:

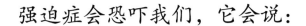

可能在没人注意的时候,
有只麻雀飞进了卫生间。

可能卫生间的地板上有麻雀粪便。

可能会踩到麻雀粪便,太恶心了。

肯定没有人想踩到麻雀粪便。

于是强迫症会虚构一个场景,并且告诉你要怎么做才会平安无事。

每次走进卫生间,
你都要把**整个卫生间**
检查一遍。

所以，当爸爸让你去刷牙时，或者当你需要上卫生间或者去洗澡时，你都会先看看有没有麻雀。你会打开储物柜，再看看浴缸，再检查一下窗户是不是关上了……你要按一定的顺序检查一番，才能保证自己不会漏掉任何一个角落。于是，你会反复默念这些顺序，让自己别出差错。

门背后有吗？**没有**。

储物柜里有吗？**没有**。

浴缸里有吗？**没有**。

毛巾柜里有吗？**没有**。

一遍遍地检查需要占用你很多时间，可是你需要确认。爸爸已经生气了，问你怎么那么慢。于是，你又要重新检查一遍，因为他打断你了，让你忘了自己检查到哪个地方了。你仍然在想麻雀的事情。你会怀疑自己是否认真检查了每个角落。你还想，**可能**在检查门后的时候，自己没有注意，麻雀飞进来了，所以还是再查一遍吧。

这就是强迫症玩的"**可能**"游戏。虽然一些事情不太可能发生,可你还是想要做些什么来保护自己,以防万一。

想一想强迫症是怎样跟你玩"**可能**"游戏的。

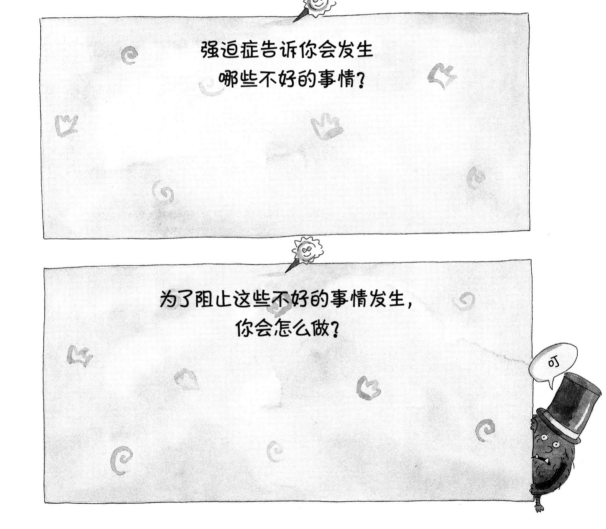

强迫症玩的第3个魔术：让良好的感觉消失

绝大部分时间里，我们都会感觉良好。我们不会留意头上长头发是什么感觉，脚穿上袜子是什么感觉。我们进入房间，坐到椅子上，也不会留意自己会有什么感觉。我们每天不停地走来走去，做着各种各样的事情，根本不会去想太多。

可是强迫症让这种轻松的感觉消失了。它让你感觉到，自己需要做些什么才能恢复这种良好的感觉。

因此，有些孩子每当进入一个房间前，都要摸三次门，不然他就感觉不对劲；或者没完没了地整理袖子，好像两只袖子的长度不一样；或者对已经知道的事问个不停，比如，什么时候接他们，作业要做在哪个本子上。这都是因为强迫症在悄悄地对他说："你确定吗？你真的确定吗？"

小孩子们这样做时,并没有觉得会有什么不好的事情发生。他们只是感觉不太对,于是就通过做这些事情让自己重新感觉良好。可是实际上,这是强迫症玩的一个小魔术。

强迫症如何让你的良好感觉消失了?

嗖!

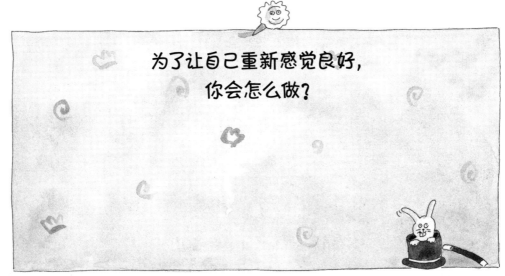

为了让自己重新感觉良好,
你会怎么做?

这就是强迫症的全部伎俩,不过是3个小魔术而已。

拉响警报

"可能"游戏

让良好的感觉消失

你的大脑上当了,相信了这些魔术,因为它们看起来像真的一样。就像本章开头提到的那些障眼法,强迫症的魔术很容易以假乱真。可是,当你对强迫症有了更多的了解,开始运用书里应对强迫症的方法时,强迫症的这些魔术对你就不起作用了,你也就不再上它的当了。

你再也不会上它的当了。

第四章

为什么会有强迫症？

我们说强迫症如同一个爱发脾气的小孩子，或者一个吓唬你的魔术师。

实际上，强迫症只是你大脑暂时出现的一个小故障。你的大脑就像一台计算机，当这台计算机里的一个小程序出现错误时，大脑就无法按照原来的运行模式工作了，强迫症就出现了。事实就这么简单。

你可能会想：就这么简单吗？

也可能会想：不可能！

可事实的确如此。强迫症就是大脑的一个系统错误，比打嗝严重不了多少。

有强迫症并不意味着一个人的大脑受损。实际上，有很多聪明的人也有强迫症。强迫症只是意味着你的大脑有时候在**分拣**和**发送**信息时会出故障。

关于信息方面，主要有两个问题。

我们之前讨论过第一个问题，即大脑分拣机出了故障，没有对信息进行**正确分类**，那些本该进入垃圾槽的想法被放进了储存槽。

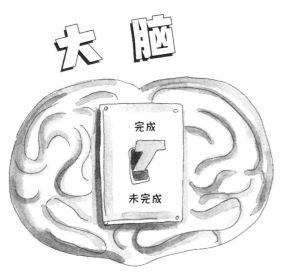

第二个问题与大脑中的**完成开关**有关。当事情做完了，这个开关会通知大脑。

☼ 在这个烘干机上画几件衣服。

你观察过烘干机的工作吗？湿衣服放进去，烘干机一边转动一边发热。衣服被烘干后，烘干机就自动关机。

可是，烘干机怎么知道衣服干了呢？

其实，烘干机里有个小小的传感器，当它感觉到衣服干了的时候，它就会通知烘干机，烘干机接到通知后就会自动关机。

你的大脑里也有一个传感器。当你关上一扇门时，大脑就对你说："好的，已经关上了。"当你用橡皮擦掉作业上的一个错误时，大脑会说："好了，继续往下做吧。"这个信息系统很重要，如果你没有收到大脑发出的"完成"信号，就不知道什么时候该停下来。

强迫症会捉弄这个信息系统。它不让你的大脑告诉你事情做完了，所以，有强迫症的孩子觉得需要一遍又一遍地做某些事情。

他们总要在关门之后再推一下门,确定门关上了,因为大脑不会告诉他们第一次关门的时候就已经关上了。

他们需要重读某段话,以保证没有漏字。

他们需要不停地去洗手间洗手,保证自己手上没有细菌。

他们需要在作业上花好几个小时,反复检查。

他们总是要重复做一些事情,因为大脑没有把"好了,完成了"这个信息发出来。

那么，为什么大脑会出现这个问题呢？为什么大脑分拣机会把想法放错地方？为什么大脑的信息传递系统没能发出"完成"的信号？

有些人的大脑更容易出现这类问题，他们的大脑天生如此。但这并不意味着这个人不好，或者他的大脑不够聪明，这只是大脑的设置问题。

也许你会感到惊讶，美国有100多万孩子有强迫症，全世界的强迫症儿童就更多了。许多儿童在了解有关强迫症的知识，学习如何克服它。

真正有趣的是，你可以学习一些应对强迫症的方法。你可以教大脑把信息进行正确分类，学会给自己发出"完成"的信号，像技工那样用工具帮助你的大脑做一些调整，好让它传递信息更顺畅。

打败强迫症的工具箱

第五章

太难了，怎么办？

打败强迫症似乎是很困难的事。

有强迫症的孩子很难确定，自己是否真的要跟强迫症对抗，因为对抗它看上去有点可怕。很多孩子觉得，对他们来说，这个任务太艰巨了。

☼ 把自己画在台阶的起点。

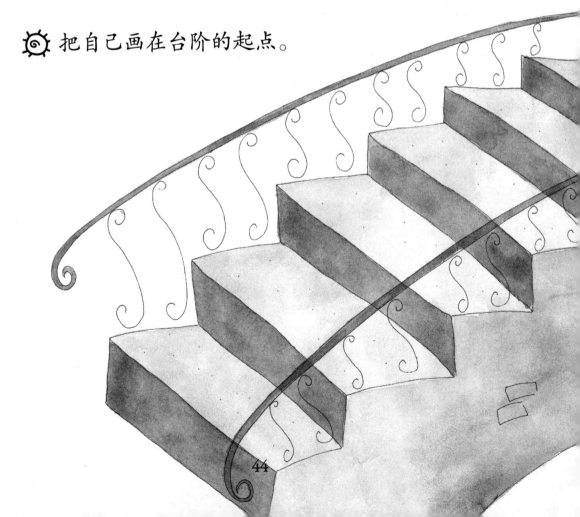

如果有人要你到达终点,但不可以借助台阶,你会说:"我做不到!"的确,那实在是太难了。

但是，要是有人要你上一级台阶，你肯定能做到。然后，你可以再上一级，再上一级……最终，你能到达终点。所以，要到达终点，哪怕是要爬非常多的台阶，也只有一个办法，那就是一级一级向上爬。

你也知道这个道理。实际上，你已经爬过很多楼梯了。

你也许已经应对过成长中的挑战。你以为自己永远做不到的事情，但最终却做到了，比如骑车不用辅助轮，用橡皮泥捏出可爱的小动物。

想一想以前遇到的难事，当时非常难，可是你现在会做了。

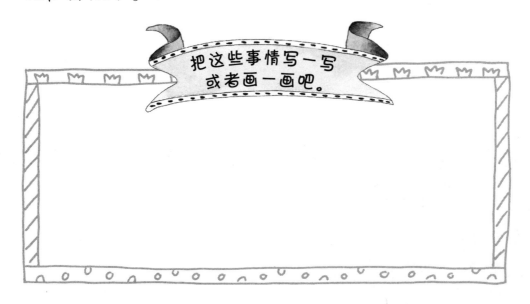
把这些事情写一写或者画一画吧。

☀ 你是用了哪些步骤学会做这些事情的?

☀ 只要一个步骤就能做到吗?

☀ 遇到困难的时候,你是如何坚持下去的?

找时间跟爸爸或妈妈聊一聊,你是如何克服困难做成一件事的。

我们也要一步一步地克服强迫症。你可以迈一大步或一小步,这由你自己决定。不管你是小步慢走还是大步迈进,这都没关系,只要你坚持走,你就能到达终点。

还有一件事要知道

还记得战斗或逃跑的反应吗？一旦你的大脑警报系统启动，一系列的身体变化随之产生，哪怕发出的是假警报。这时，你的身体随时准备行动，你会感觉极度兴奋。

有时，这种极度兴奋会让你产生良好的感觉，就像坐着雪橇飞驰着滑下山坡，或者从一群活泼可爱的小狗里选中了自己想要的那一只。这时，你的感觉是高兴，而不是害怕。

想一想哪些事情你喜欢做，让你感觉很兴奋；哪些事情带有冒险色彩，让你感觉很刺激。

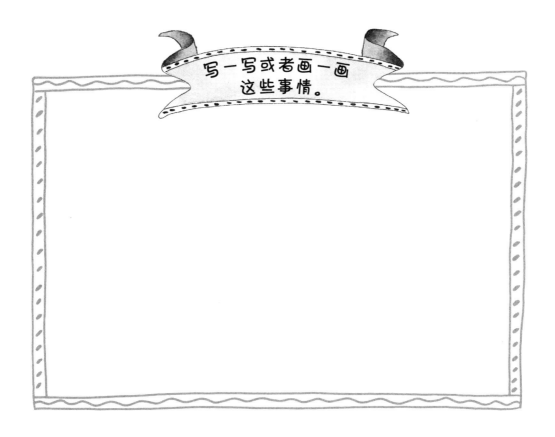

战斗或逃跑反应会让你感觉好还是不好，取决于你心中的**想法**。如果你一直想着受伤或者遇到危险，这些想法会让你的身体超载，从而让你感到害怕。如果你心里想着"这太好玩了"，你就会感到兴奋。

想想坐过山车的例子。

有些孩子喜欢坐过山车,他们一坐上过山车,心脏就怦怦直跳。他们随着过山车忽上忽下,激动不已。到了终点,他们下车时会开心地大笑。

但有些孩子讨厌过山车。他们的心脏也怦怦直跳,他们觉得自己会飞出去。他们害怕每个坡道,紧紧抓住把手,一心想要尽快结束。这些孩子下车时会吓得直哆嗦,甚至想呕吐。

同样都是坐过山车,但会出现两种情况。他们的大脑都作出了战斗或逃跑反应,心脏也都跳得很快。但是,他们对坐过山车的感觉是兴奋还是害怕,则完全取决于自己的想法。

现在，想一想强迫症。强迫症拉响了大脑里的警报器，让身体随时准备行动，进入战斗或逃跑的反应模式。之后，就是最重要的部分——你的想法。

强迫症冲你大喊**危险**！于是，有强迫症的孩子开始想象自己处于危险之中。他们觉得需要做些什么才能保障自己的安全，才能摆脱掉紧张焦虑的消极情绪。

可是，你知道吗？战斗或逃跑反应会自行停止。紧张焦虑的情绪出现得很快，但也会迅速消失，只要你不再继续输送给它们可怕的想法。所以，你不舒服的感觉很快会消失，即使你不听强迫症的，不做它让你做的那些事，什么坏事也不会发生。

为了弄明白这件事，我们用看电影举个例子。

☼ 画一画，你走进这家电影院的样子。

☼ 把你最喜欢的一部电影的名字写在广告牌上。

你要思考下面的3个问题。

1. 假设现在是夏天，天气很热，你一走进有空调的地方，就觉得好冷。但是，过一会儿你就感觉不那么冷了。这是为什么？

2. 你走进电影院，电影就要开始了，灯已经关了，里边很暗，你看不清哪里有空位子。不过，过了一会儿，周围看上去就不那么暗了。这是为什么？

3. 你坐下去，等着电影开演。电影开始了，哇！声音真大！可是，过了一会儿，你就不觉得声音大了。这是为什么？

实际上，这3个问题的答案完全一样。

☼ 把答案写在电影屏幕上吧。

你习惯了，对吗？

可是，要是你不知道这一点呢？

我们就拿第3个有关声音的问题来举例。假如电影开始放映那一刻，你觉得音量很大，就跑出了电影院，这会怎么样？你出去待了一会儿，有点好奇，于是又回到了电影院，可声音还是很大，你又跑出来了。你进进出出，每次都觉得声音像以前一样大。

当然是这样！如果你一觉得声音大就离开放映厅，就没有给耳朵调适的机会，而你也没法看电影。

这就像强迫症带给你的那些可怕的感受。你心里不舒服，于是就会乖乖听强迫症的安排，照它的要求做事，只为摆脱紧张焦虑的情绪。

但是，要记住：

紧张焦虑的情绪都会消失，即使你不听强迫症的话，不按照它的要求做事也会如此。你要习惯紧张情绪的存在。

接下来，你会学习一些应对强迫症的方法，帮助自己勇敢地对强迫症说"不"。你使用这些方法越频繁，它们就越有效。让我们一起学习这些方法吧！

方法1：发现强迫症

第一种方法实际上是一个叫作大发现的游戏。你以前可能玩过。大发现就是仔细观察一个场景，然后找到隐藏的东西。

你可以看下面这张图，尝试找到这些东西：

虫子	地球仪	纸杯蛋糕	馅饼
蛇	叉子	棒球手套	鞋子
帽子	郁金香	船	手提包
切块蛋糕	牙刷	铃铛	箱子

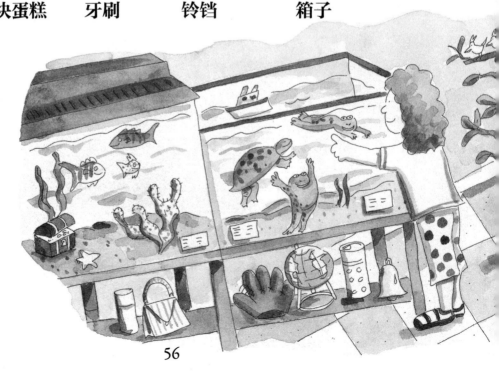

当然，强迫症不在宠物店里。它在你的大脑里，藏在你的正常想法之中。你要学会发现它。

要想玩好这个游戏，你的眼光要敏锐，把强迫症揪出来。记住，强迫症有两个部分——强迫思维和强迫冲动。强迫冲动听从强迫思维，指的是你想要做某件事的强烈渴望，一种非做不可的那种感觉。

下面列出了一些强迫思维，以及与之相关的强迫冲动。

强迫思维	强迫冲动
我的手很脏。	我要去洗手。
我可能没锁好门。	再推推门。
瓶盖没有拧紧。	再检查一遍。

列出一些困扰你的强迫思维，以及与之相关的强迫冲动。

强迫思维	强迫冲动

现在，你开始能识别强迫症的样子了。每当强迫症让一个想法出现在你的大脑里，你要告诉自己："这是强迫症在说话。"每当你想要做强迫症让你做的事情时，你要告诉自己："这是强迫症发出的假警报！"

你变得非常擅长发现强迫症。你可以对自己说：

你在识别强迫症的时候会说些什么呢？

爸爸妈妈可以跟你一起玩这个大发现的游戏。

要记得练习、再练习。你玩大发现的次数越多,在强迫症企图塞给你一些垃圾想法的时候就越容易识破它的诡计。很快你就能分辨出,哪些想法和愿望是你自己的,哪些是强迫症引起的。

掌握这个方法需要多久由你来定。你可以和爸爸妈妈一起看看第59页列出的强迫思维和强迫冲动,提醒自己强迫症会对你说什么,会让你有什么感觉。当你掌握了这些,就可以接着往下读了。

方法2：和强迫症顶嘴

大人教育小孩子要有礼貌。有礼貌很重要，因为它表达了对别人的尊重，会让我们更受欢迎。如果大家都彬彬有礼、友好相处，这个世界会变得更美好。

> 写下礼貌待人的3条规则
>
> 1.
> 2.
> 3.

礼貌待人的一条规则是"不能顶嘴"。顶嘴意味着争吵，也意味着你对别人刚才说的话给出了一个无礼的答复。小孩子如果不想做父母要求的事情，就会和大人顶嘴。

和大人顶嘴是不对的，可是和强迫症顶嘴却是一件好事。

因为强迫症会欺负你,你必须制止它这么做。当强迫症想让你服从它时,你要明确地跟他说**不**。

现在,我们把强迫症想象成超市里那个哭闹着想要糖果的小孩子,想象他大发脾气的样子。

想一些办法让强迫症保持安静并远离你。

你没必要听从强迫症的话。强迫症只是大脑出现的一个小故障,它说的话都是骗人的。所以,每当强迫症来打扰你时,你都要坚定地反驳它。

第九章

方法3：
我的事情我做主！

你已经能够识别强迫症，也敢跟它顶嘴，勇敢反驳它了。你已经上了两级台阶了，画出自己迈向第三级台阶的样子。你真棒！

接下来要告诉强迫症谁说了算。(小提示:当然是你!)

还记得超市里那位妈妈吗?她没有在那里和孩子争吵,只是说了"不行",然后就忙着结账了。

你也可以这样做,你只需要对强迫症说"不行",然后去做别的事情。

你有很多方法让强迫症知道你才是自己的主人。下面列出了很多方法,你可以先看一遍,然后再决定用哪一个。

告诉强迫症:"我现在不想做这件事。"让强迫症等10分钟,你先去做其他有趣或好玩的事情。当你让强迫症等待的时候,它往往就会放弃,然后离开你。你也就不会有想做这件事的冲动了。

方法1
拖延

告诉强迫症:"我不会听你的。"然后就离开现场。例如,你在卧室里,强迫症想让你换一双袜子,因为它觉得你脚上的袜子不适合你。那么你就不要去换袜子,走出卧室,去别的房间做点别的事情。这期间,你的脚会开始习惯穿着这双袜子的感觉。离开当时的场景可以削弱强迫症的力量。

告诉强迫症:"你在浪费我的时间。"如果强迫症想让你把书包检查3遍,你就检查2遍,几天后,再减少到1遍;如果强迫症让你总是问别人问题,你就给它一个数量限制,比如,每天只许问3个问题,不能超过这个限制。

告诉强迫症:"我的事情我做主。"如果强迫症让你必须按照它要求的程序洗手,要先从手指开始洗,然后洗手心,再洗手背,那你就可以改变这个洗手程序。你可以先洗手腕,再洗手指,又或者十指交叉搓洗一下。你可以按照自己的程序来做事,甚至可以每次都换个程序,不要按照强迫症的要求做事。

这是关键的一步,它可以让你很快达到想要的效果。如果强迫症想让你别碰门把手,那你就去碰它。你可以跟强迫症顶嘴:"你只是想骗我,别在我的大脑里捣乱了!"然后,去做其他事,比如和妈妈一起扮鬼脸,和爸爸一起玩游戏。你的心就会慢慢平静下来,不再感到害怕。每天都去碰一下门把手,很快你就会发现,这根本不是什么可怕的事情。

方法6
搞笑

把强迫症的要求改成搞笑的事情，以此来嘲弄它。如果强迫症让你做一件事的次数必须是双数，那你就乱数一气，让强迫症也弄不清你到底做了几遍。

如果强迫症想让你呕吐，你就买一些搞笑的塑料呕吐物，和家人一起来场假装呕吐竞赛，表演得越夸张越好。

如果强迫症让你觉得有坏蛋要来抓你，那你就把坏蛋画出来，让他的头上顶着裂开的西瓜，腿上爬着一群蚂蚁。

不要试图逃离那些困扰你的强迫想法，而是每天都留出一点时间，思考一下这些想法，不过要用一种好玩的方式去思考。

甚至你可以用搞笑的方式处理一些难以说出来的可怕想法（比如说脏话、暴力想法等），这些全是强迫症用来吓唬你的。有这些想法并不意味着你是个坏孩子。如果你难以摆脱这些想法，你可以向成年人寻求帮助，让他帮助你把这些想法转化为一些搞笑的事情，并且提醒你不停地去思考这些想法，直到大脑对它们感到厌倦。

在下面的方框中写一写上面提到的6种方法，帮助你记住它们。

第十章

怎么把方法用起来

一旦你知道了战胜强迫症需要哪些方法,你就该开始行动了。接下来会告诉你具体怎么做。

我们先来看一看下面这把量尺。你可以用它来测量自己的恐惧程度。

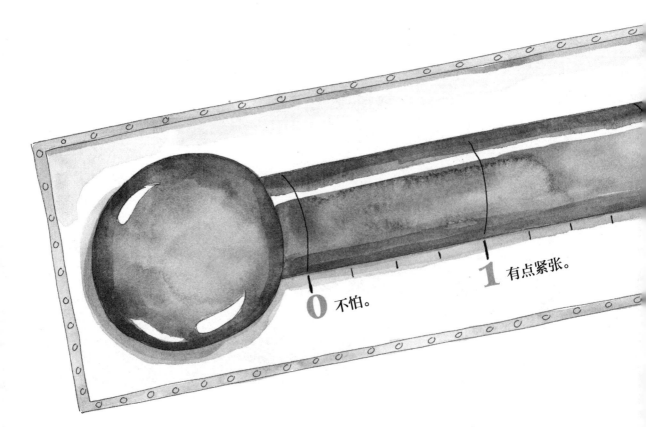

0 不怕。

1 有点紧张。

这把恐惧量尺有助于你观察恐惧是如何随着时间推移一点点消失的,甚至当你拒绝了强迫症的要求时,也会这样。(回想一下前面电影院的例子。)

0意味着你觉得没事,一点也不怕。5意味着你很害怕,简直无法忍受,你从来没有这么害怕过。仔细看一下量尺上的每个数字,了解它们代表的意思。

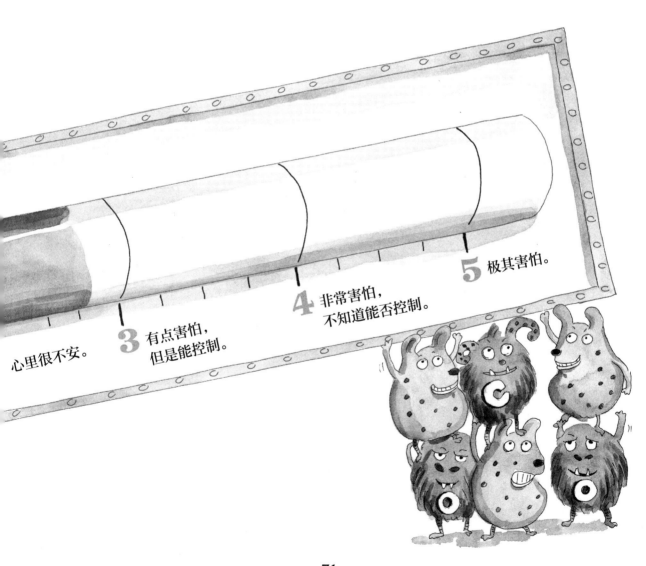

然后，将所有困扰你的强迫思维和强迫冲动都列出来，尽量多列一些，暂时还不用写恐惧级别。

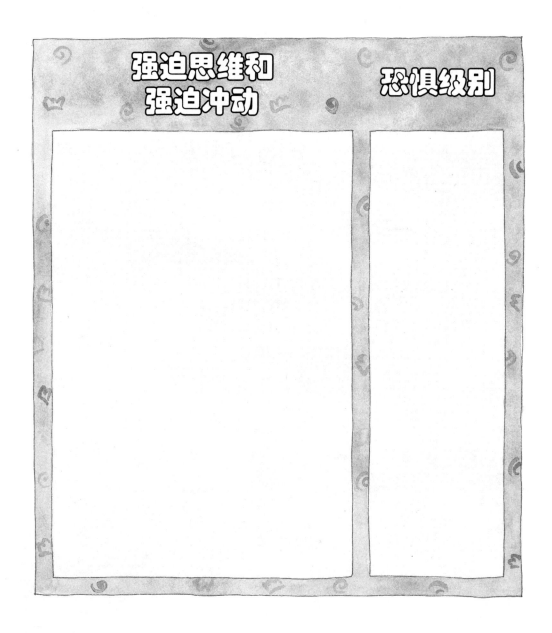

现在看看你刚刚列出的这份清单，一项一项地看。同时想一想，假如你对强迫症说不，你会感到多害怕。用恐惧量尺测一下每一项强迫思维和强迫冲动对应的恐惧级别，并把对应的测量结果填在恐惧级别那一列。

然后，就到了你一直期待的部分。你要选择对抗，把控制权从强迫症那里夺回来。

学习跟强迫症说**不**时，最简单的方法是从对付强迫冲动开始，比如总是想重复地洗手、数数、检查、问问题等，只为了让自己感觉好受一点。看看第72页的清单，找出恐惧级别在3以下的那些强迫冲动。

如果你所有的强迫冲动的恐惧级别都高于3，那就看看能否将一个强迫冲动分解成几个小部分，每次解决一小部分，一个一个地克服。比如，强迫症让你不停地重写作业，直到每个字都写得非常完美，你这时要对强迫症说不，只要自己写得正确就行，不用担心作业的其他方面。

你第一个想拒绝的强迫冲动是什么?

把它写在下面吧。

接着,选一个方法,告诉强迫症你的事情你做主。在选中的方法旁边画上√。

☐ 拖延。
☐ 离开。
☐ 给强迫症设定限制。
☐ 改变程序。
☐ 跟强迫症对着干。
☐ 搞笑。

每当强迫症命令你做事的时候,你可以采取以下步骤对付它。

1 对强迫症发出警报!

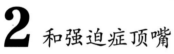

2 和强迫症顶嘴

3 用学过的方法,告诉强迫症:"我的事情我做主!"

4 对强迫症说"**不**"后,用恐惧量尺测量对应的恐惧级别。

5 提醒自己，这种害怕的感觉只不过是身体作出的战斗或逃跑反应。

6 告诉自己你很好。

7 告诉自己，你至少10分钟之内都不会去理强迫症。

现在，你让强迫症知道了谁说了算。可是，你的战斗或逃跑反应还没有消失。你仍然感到有一些（或非常）害怕，你应该怎么办呢？

告诉自己，你能行。

提醒自己，这是强迫症发出的假警报，是它在发脾气，是你的大脑出现了一个小故障。

想象自己走进电影院，慢慢习惯那儿的声音、光线和温度。

然后去忙别的事情，比如，让爸爸帮你测试乘法口诀表，逗狗，吃早饭。

过10分钟后，再量一次你的恐惧级别。

如果你的恐惧级别在2或者以下，那你已经让强迫症知道了，它控制不了你。过10分钟后再看，你的恐惧级别就更低了。

当恐惧级别到1时，你就知道，强迫症的脾气已经变小了，现在要不理它就很容易做到。

如果你的恐惧级别是4或者以上，说明强迫症就是抓住你不放。不要妥协，努力反抗，再坚持10分钟。如果你是一个人，就去寻求他人的帮助。二对一更容易打败强迫症。

每当你的恐惧级别降低1级,你就知道你快赢了。你在教给大脑不去理会强迫症发出的信息。你对抗强迫症的次数越多,你的大脑就学得越快。

想一想，你能否想出反抗强迫症的4件事，告诉强迫症你不会听从它的命令。

第十一章

不要着急，慢慢来

当你第一次没有按照强迫症的要求去做那些事情，你的恐惧感有所减轻，也确实**没有不好的事情发生**，你会觉得自己很棒。远离强迫症是个艰巨的任务，你已经迈出了一大步。

但是，第一次并不意味着一劳永逸，你还需要继续这么做，因为强迫症学习新东西很慢。

一旦决定向某种强迫冲动说**不**，你在它每次露头时就要予与抵抗。开始时，每次最好用**同样的方法**，大多数孩子觉得这样容易一些。因为当强迫症来的时候，不需要再想方法。当你准备向另一种强迫思维或强迫冲动说**不**的时候，就可以选一种新方法。但在刚开始，**选好一种方法并坚持下去**。

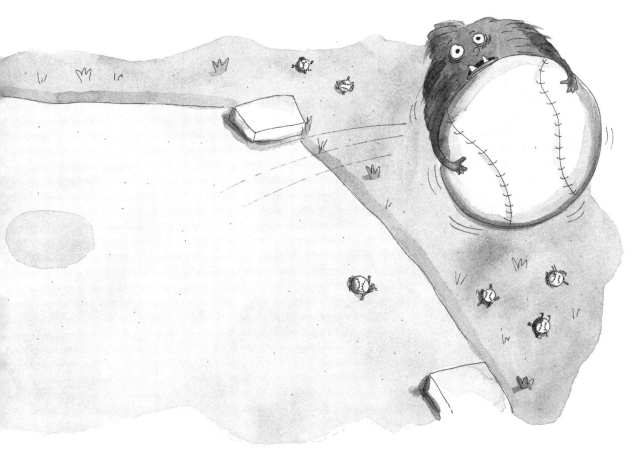

比如，强迫症用天气问题来烦你，让你担心即将会有暴风雨。它让你一天里总是上网查天气预报，看暴风雨是不是就要到了。一旦你决定了不再听强迫症的话，不再去查天气预报，那就要坚定地离开强迫症。

画出你是如何用离开的办法对付强迫症的，画上对话框，在对话框里写上如何与强迫症顶嘴。

你在离开这个房间后该做些什么呢？

强迫症虽然学得慢,但是也挺聪明的。

强迫症聪明是因为它会跟你讨价还价。当它发现得不到想要的东西时,就会提出其他要求。就像那个想要糖果的孩子,妈妈不给买,他可能会提出换成巧克力。你可**不要上当**。

不行就是**不行**。

第十二章

坚持到底不放弃

你已经学会了一些对付强迫症的基本方法。你现在要继续上台阶,仍然是每次上一级,每上一级台阶就意味着你又一次拒绝服从强迫症发出的命令。

回头看一看第72页列出来的那个清单，找出另一个恐惧级别在3以下的强迫思维或强迫冲动，或者把一个级别高的强迫思维或者强迫冲动分解成几个小部分。一点一点地打败强迫症会让你更有信心去挑战更大的困难。

- 你接下来会选择摆脱哪个强迫思维或者强迫冲动？
- 你会用哪种方法告诉强迫症你的事情你做主？
- 如果不听从强迫症的安排，你会忙些什么事情？

对抗强迫症的时候,你要特别记下这**三不**:

强迫症不会听你讲道理,因此,你不能说服它什么东西足够干净、某件事足够安全和正确。你可以直接和它顶嘴,然后把注意力转移到别处,去做你喜欢的事情。

强迫症可能会变着花样给你提要求,比如让你反复问爸爸妈妈天气情况,而不是像以前那样不停地上网查。或者,强迫症会对一件与以前稍微有点不一样的事情大喊**危险**。记住,这是强迫症的掩饰和伪装,用你学过的方法来打败它。

不要放弃!

打败强迫症很难。有时,这件事看起来太难了。如果一次完不成一项任务,那就先迈一小步好了,或者再选一个想要克服的强迫冲动,或者一次只克服某种强迫冲动的一部分。多多练习你已经熟练掌握的方法。

对抗强迫症的时候,可以休息一下。不管你上台阶上到哪一级,都可以出去玩一会儿,放松一下。就像爬山一样,你不用回到山下休息,停在原地就可以休息。等你休息够了,准备好重新出发,那就站起来,再上一级。

一级一级地往上爬,只要你坚持到底不放弃,你就一定会到达顶峰。

第十三章

善于练习

生活中有些事情做起来的确很难，但是久练久熟，你练习得越多，它们就会变得越容易。

想想你正在学着做的一件与强迫症无关的事情。你练习得越多，做起来就越容易。把这件事情画到上面。

对抗强迫症跟学习其他技能一样，你练习的次数越多，就会越容易。随着你越来越强大，强迫症就会越来越弱小。你开始发现，尽管强迫症总是威胁你，却不能把你怎么样。

你关灯时已经不用再重复按一下开关了；你也不用再为一件小事不停地道歉了；你会设定写作业的时间；你可以只上一次卫生间；你也不用试五件衣服才能决定穿哪件；你可以扔掉不用的东西；你敢摸门把手；你可以每次用不同的方式说再见。

你这样做了，**没有不好的事情发生**！

最重要的是，虽然你没有按照强迫症的要求去做，但你的身体并没有感觉紧张。

你要做的就是坚持使用你学到的那些方法。

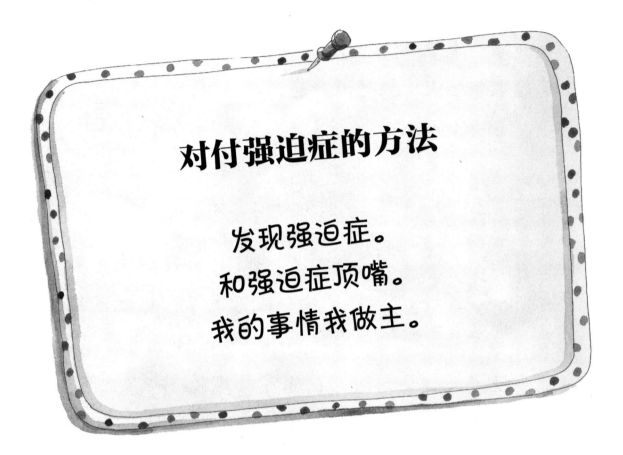

对付强迫症的方法

发现强迫症。
和强迫症顶嘴。
我的事情我做主。

选一条强迫症发来的命令，坚决地对它说不。想一想自己要怎么做，才能脱离强迫症的操控。一旦听到强迫症发出的信息就抵制它。

如果你已经不再听从强迫症发来的命令，就可以换一条别的命令，然后再换一条，以此类推。

你可以把这个过程记录下来，看看自己的进步。拿一个大瓶子，把玻璃球、硬币或其他小东西放进去，在瓶子上贴个"强迫症"的标签。每次你用某种方法来对抗强迫症时，就把里面的玻璃球或硬币拿出来一个，放到另一个空瓶里，在这个空瓶上贴上你的名字。你会看到强迫症的这个瓶子里的东西在变少，写有你名字的瓶子里的东西在变多。

☼ 看到这些，你会有什么感觉呢？把你的表情画出来。

第十四章

你能做到！

你现在已经上了很多台阶了。你认识了强迫症和它经常玩的小魔术。你学习了3个方法，当强迫症来烦你时，你可以用这些方法来对付它。

当你使用这些方法时，你就是在训练大脑不要理会强迫症。你的方法可比强迫症的那些小魔术厉害得多。

强迫症会占用你很多时间,学会对强迫症说**不**可以帮你节省时间,让你可以去做自己喜欢的事情。

画一画你在做自己喜欢的事情时的样子。当强迫症不再霸占你的时间时,你就会有更多时间去做这样的事。记得把你高兴的样子画出来。

你一定能做到!你会感觉非常棒!